Sieglinde Holl

Kunterbunter Herbst

Fenster- und Wandbilder aus Tonkarton

frechverlag

Von der bekannten Autorin Sieglinde Holl sind im frechverlag zahlreiche Bücher erschienen. Hier eine Auswahl:

TOPP 2075

TOPP 2215

TOPP 2134

TOPP 2155

TOPP 2175

TOPP 2176

Zeichnungen: Richard Knecht

Fotos: frechverlag GmbH + Co. Druck KG, 70499 Stuttgart; Fotostudio Ullrich & Co., Renningen

Auflage: 5. 4. | Letzte Zahlen
Jahr: 2001 2000 1999 98 97 | maßgebend

frechverlag GmbH + Co. Druck KG, 70499 Stuttgart

ISBN 3-7724-2231-4 · Best.-Nr. 2231

Druck: frechverlag GmbH + Co. Druck KG, 70499 Stuttgart

Es wird Herbst!

Der Sommer ist vorbei, die Blätter färben sich bunt, die Tiere sammeln Vorräte, und die Schwalben ziehen gen Süden.

Es ist Erntezeit. Auf den Feldern steht noch eine Vogelscheuche. Die Mäuse machen sich über die liegengebliebenen Reste her. Es werden Rübengeister geschnitzt.

Die Blätter fallen, und der Herbstwind fegt durch die Straßen. Die Kinder sammeln Kastanien, lassen Drachen steigen und ziehen abends mit ihren Laternen durch den Ort.

Wenn das Jahr zur Neige geht, läßt sich der Herbst in seiner ganzen Buntheit genießen. Diese stimmungsvolle Jahreszeit möchte ich gerne mit den hier gezeigten Fensterbildern festhalten.

Mit Tonkarton können Sie die Motive ganz leicht nachgestalten und damit Ihre Fenster schmücken. So hält der kunterbunte Herbst auch bei Ihnen Einzug.

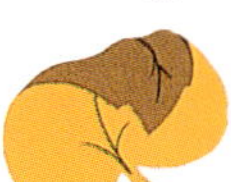

Viel Freude beim Basteln wünscht Ihnen

Ihre S. Holl

Material und Werkzeug

Sie benötigen Tonkarton in verschiedenen Farben und Regenbogen-Tonkarton.
Zum Übertragen der Motive brauchen Sie gelbes und blaues Paus- oder Transparentpapier (Architektenpapier).
Weitere Hilfsmittel wie Klebstoff, Bleistift, Filz- und Buntstifte, Schere, Cutter, Bürolocher, Bürohefter, Klebefilm, doppelseitiges Klebeband, Kreppklebeband und eventuell eine Kreisschablone erhalten Sie ebenfalls im Schreibwarengeschäft.
Als Schneideunterlage verwenden Sie einen dicken Pappkarton, eine Glasscheibe (aus einem alten Bilderrahmen), ein Stück Linoleum (Bodenbelagrest) oder eine im Handel erhältliche, spezielle Schneideunterlage.

Das Übertragen der Motive

Die Einzelteile der Motive werden mit einem Bleistift auf Transparentpapier durchgezeichnet oder mit Hilfe von Pauspapier vom Vorlagenbogen direkt auf Tonkarton der gewünschten Farbe übertragen. Sie können die einzelnen Motive auch fotokopieren. So sparen Sie das Übertragen der Motive und vermeiden Pauslinien auf dem Tonkarton.
Wenn Sie ein Motiv mehrfach fertigen möchten, empfiehlt es sich, eine Schablone zu verwenden. Dafür übertragen Sie die Motivteile mit Hilfe von Transparentpapier auf Tonkarton und schneiden die Konturen exakt nach, das sind dann Ihre Schablonenteile. Diese legen Sie jeweils auf den farblich entsprechenden Tonkarton und umfahren die Schablone mit einem spitzen Bleistift. So können Sie das Motiv, sooft Sie wollen, übertragen.

Das Ausschneiden der Teile

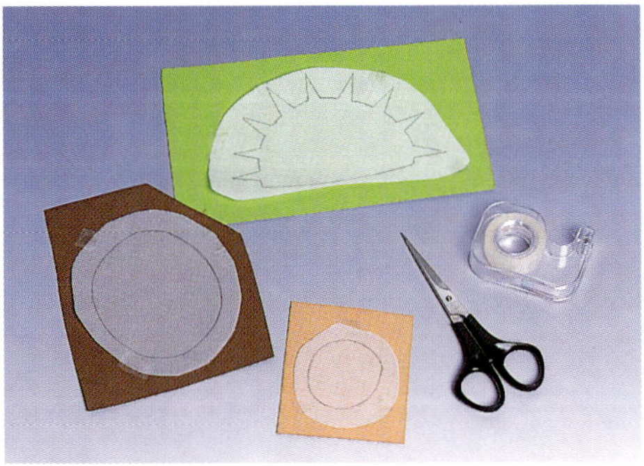

Befestigen Sie die Kopie des Motivs mit Klebefilmstreifen oder doppelseitigem Klebeband auf dem farblich benötigten Tonkarton, und schneiden Sie die Konturen exakt mit dem Cuttermesser nach. Halten Sie dabei mit einer Hand die Papiere fest, damit sie nicht verrutschen.

Mit dem Cuttermesser und einer Glasplatte als Schneideunterlage lassen sich die Motive sehr sauber und randscharf ausschneiden. Linoleum oder fester Karton eignen sich ebenfalls als Schneideunterlage. Allerdings müssen Sie nach häufigem Gebrauch die Unterlage wechseln, damit Sie mit der Klinge nicht in eine alte Schneidespur kommen.
Halten Sie den Cutter wie einen Füllfederhalter, und schneiden Sie locker und zügig. Wenn die Schnitte nicht mehr glatt werden, ist die Klinge stumpf und muß gewechselt werden. Sie können natürlich auch mit der Schere arbeiten. Nehmen Sie eine Silhouetten- oder eine Nagelschere, damit die Rundungen schön glatt werden.
Wenn Sie die Fensterbilder doppelt arbeiten, dann sehen sie von innen und außen sehr schön aus.
Falls Sie ein Motiv in einem Arbeitsgang zweifach fertigen wollen, sollten Sie Tonpapier verwenden, es läßt sich leichter schneiden als der festere Karton. Legen Sie die Tonpapierbogen übereinander, und heften Sie sie mit dem Bürohefter außerhalb des Motivs zusammen, damit sie nicht verrutschen.

Die Fertigstellung

Nun kleben Sie die Einzelteile der Anleitung gemäß zusammen. Orientieren Sie sich dabei auch an der Abbildung.

Zum Schluß werden viele Motive noch mit Filzstift oder Buntstift bemalt. Bei einigen Motiven ist eine Kreisschablone hilfreich. Anschließend können Sie die Motive nach Wunsch an Ihrem Fenster plazieren, und schon hält der kunterbunte Herbst bei Ihnen Einzug!

Ein Männlein steht im Walde ...

- Tonkarton in Rot, Braun, Grün und Weiß
- Filzstift in Schwarz

Übertragen Sie die Teile vom Vorlagenbogen auf den farblich entsprechenden Tonkarton, und schneiden Sie die Teile aus. Kleben Sie die Augen auf den Kopf. Nun fixieren Sie erst die Blätter und dann den Kopf auf der Hagebutte. Zum Schluß zeichnen Sie die Haare, die Pupillen und den Mund der Hagebutte ein und malen den Stiel mit Filzstift an.

Lachende Kastaniengesichter

- Tonkarton in Vanille, Hellgrau, Gelb- und Maigrün, Hell- und Dunkelbraun
- Filzstift in Schwarz
- Weicher Bleistift

Übertragen Sie die Motivteile vom Vorlagenbogen auf den farblich entsprechenden Tonkarton.
Kleben Sie die beiden Kastanienteile jeweils aufeinander, und zeichnen Sie mit schwarzem Filzstift die Gesichter auf.
Jetzt folgt die Kastanienschale: Auf der Schalenhälfte mit dem Stiel zunächst das vanillefarbene und dann das hellgraue Innenteil anbringen. Danach mit dem Bleistift einen Bogen einzeichnen und mit dem Finger den Bleistiftstrich verwischen. Nun fixieren Sie die Stacheln auf beiden Schalenhälften, bevor Sie diese aufeinanderkleben.
Wenn Sie eine Kastanie etwas oberhalb der Schalenhälften plazieren, wirkt es so, als sei die Kastanie gerade aufgesprungen.

Wir lassen Drachen steigen ...

Kleiner Drachen

- Tonkarton in verschiedenen Farben
- Filzstift in Schwarz

Der kleine Drachen kann in verschiedenen Farben gearbeitet werden, beispielsweise in Blau wie hier oder in Rot wie auf dem Titel. Suchen Sie sich doch einfach Ihre Lieblingsfarben aus! Übertragen Sie die Teile vom Vorlagenbogen jeweils auf den farblich gewünschten Tonkarton, und schneiden Sie sie aus. Malen Sie die Grübchen auf.
Kleben Sie die Augen, den zweiteiligen Mund und den Drachenschwanz samt bunten Schleifen auf den Drachen. Den Abschluß des Drachenschwanzes bilden drei Farbstreifen, die aufeinandergeklebt werden.

Großer Drachen

- Tonkarton in Gelb, Grün, Orange, Rot, Blaugrau, Hell- und Dunkelblau

Übertragen Sie die Einzelteile vom Vorlagenbogen jeweils auf den farblich passenden Tonkarton, und schneiden Sie sie aus.
Den Drachen bekleben Sie mit dem grünen Teil und den seitlichen Bändern. Darunter bringen Sie die zweiteiligen Augen, die Nase, die Wangen und den Mund an. Der Drachenschwanz wird von vorn aufgeklebt. An diesem werden von hinten die bunten Schleifen befestigt. Als Abschluß dienen wiederum drei Farbstreifen.

Der Herbstwind bläst ...

Der Herbstwind bläst ...

(Abbildung Seite 10/11)

Sturmwolke

- Tonkarton in Weiß, Pink, Lavendel, Blaugrau, Hell- und Dunkelblau

Übertragen Sie die Einzelteile des Motivs vom Vorlagenbogen auf den farblich passenden Tonkarton, und schneiden Sie sie aus.
Kleben Sie das lavendelfarbene Wolkengesicht auf die blaugraue Wolke. Hinter der Mundöffnung fixieren Sie den weißen Wind. Bringen Sie nun das Auge, die Augenbraue und die Wange an. Die kleinen hellblauen Wolkenteile können Sie auf der Wolke oder daneben plazieren.

Herbstlaub

- Tonkarton in Orange sowie verschiedenen Gelb-, Grün- und Brauntönen
- Filzstift in Schwarz

Das bunte Laub können Sie in den verschiedensten Farbtönen fertigen - ganz nach Lust und Laune.
Übertragen Sie die Blätter vom Vorlagenbogen auf den jeweils farblich gewünschten Tonkarton, und schneiden Sie diese aus.
Kleben Sie bei den plastisch dargestellten Blättern ein zweites, andersfarbiges Tonkartonteil auf, und zeichnen Sie gegebenenfalls die Blatteilung mit schwarzem Filzstift ein.

Das Obst ist reif

- Regenbogen-Tonkarton

Sehen sie nicht lecker aus - diese Äpfel und Birnen? Man möchte am liebsten hineinbeißen.
Am besten fertigen Sie für dieses Motiv Schablonen an (siehe Seite 4/5). Übertragen Sie mit deren Hilfe die Äpfel und Birnen auf den gelbroten Bereich des Regenbogen-Tonkartons, und schneiden Sie sie aus. Achten Sie bei den Birnen darauf, daß diese mit den Blättern in den blaugrünen Bereich ragen. Legen Sie die Schablonen auch einmal seitenverkehrt auf, damit sich die Blätter mal auf der linken und mal auf der rechten Seite befinden.
Sie können zusätzlich Blätter aus blaugrünem und rötlichem Regenbogen-Tonkarton ausschneiden, teilweise aufeinanderkleben und gemeinsam mit den Äpfeln und Birnen an der Scheibe befestigen.

Vogelscheuche

- Tonkarton in Orange, Grau, Schwarz, Dunkelgrün, Hell- und Dunkelbraun, Hell- und Dunkelblau
- Filzstifte in Schwarz und Braun

Diese bunte Vogelscheuche vertreibt bestimmt das Herbstgrau von Ihrem Fenster!

Übertragen Sie die Einzelteile vom Vorlagenbogen jeweils auf den farblich passenden Tonkarton, und schneiden Sie sie aus.

Bemalen Sie alle orangefarbenen Teile mit braunem Filzstift, so bekommt die Vogelscheuche den Strohcharakter.

Kleben Sie hinter den Hut das kleine schwarze Tonkartonteil, das soll das Ende des Holzstabes sein. Der Hut, die Nase und die Schleife um den Hals werden auf dem Kopfteil befestigt.

Bekleben Sie die Jacke (durchgezogene Linie) mit dem Kragen, den Taschen, den Bändern, um die Ärmel zuzubinden, sowie den Strohteilen. Die Holzteile werden von hinten an den Ärmeln fixiert.

Auf die Hose (Linie mit Unterbrechungen) wird ein kleines Strohteil geklebt, bevor sie von vorne auf der Jacke angebracht wird. Der Holzstab wird zwischen der Jackenteilung aufgeklebt.

Der Hutrand, die Augen, der Mund, die Bänder samt Schleifen, die Kordeln an der Hose, der Knopf und die Jackenteilung werden mit schwarzem Filzstift aufgemalt.

Schau mal, so ein großer Maiskolben!

Ein leckerer Apfel!

Schau mal, so ein großer Maiskolben!

(Abbildung Seite 16)

- Tonkarton in Schwarz, Gelb, Orange, Hellbraun und Weiß
- Filzstift in Schwarz

Das Motiv wird vom Vorlagenbogen auf den farblich passenden Tonkarton übertragen. Schneiden Sie die Einzelteile aus.
Bemalen Sie die Augen, den Schnabel und den Maiskolben mit schwarzem Filzstift, bevor Sie die Teile auf die Körperform des Raben aufkleben. Nachdem Sie die Füße angebracht haben, fixieren Sie die Maisblätter. Jetzt kann der Rabe seinen Fund am Fenster präsentieren.

Ein leckerer Apfel!

(Abbildung Seite 17)

- Tonkarton in Schwarz, Hellbraun und Rot
- Filzstift in Schwarz

Übertragen Sie den Igel und den Apfel vom Vorlagenbogen auf den farblich passenden Tonkarton, und schneiden Sie die Teile aus.
Kleben Sie den Körper des Igels auf die Stacheln und den Apfel hinter die Pfote. Bemalen Sie das Gesicht des Igels und den Apfel mit schwarzem Filzstift. Mmmh, schmeckt der Apfel lecker!

Traubenlese

- Tonkarton in Schwarz, Violett, Hellgelb, Gras- und Lindgrün, Grau, Mittel- und Hellbraun
- Filzstift in Schwarz

Übertragen Sie die Einzelteile vom Vorlagenbogen auf den passenden Tonkarton, und schneiden Sie sie aus. Bemalen Sie das Auge mit Filzstift. Bekleben Sie den Vogelkörper von vorne mit dem Auge, dem Schnabel, dem Hut, der Bütte mit den Beeren und den Beinen. Dann bringen Sie den vorderen Flügel an. Von hinten befestigen Sie die Traube samt Stiel, die Beere und den zweiten Flügel.
Nun kann der Rabe die Traubenlese an Ihrem Fenster fortsetzen.

Beim Frühsport

- Tonkarton in Mango (Gelborange), Rosa, Beige und Braun
- Filzstift in Schwarz

Übertragen Sie die Einzelteile vom Vorlagenbogen auf den jeweils passenden Tonkarton, und schneiden Sie diese aus.
Kleben Sie die beigefarbenen Fellteile auf die Mäusekörper, Schnauzen und Ohren ebenfalls. Bemalen Sie die Mäuse mit schwarzem Filzstift.
Die rechte, kletternde Maus wird zuerst mit der rechten Hinterpfote und dem Schwanz versehen, bevor sie am Stiel des Weizens befestigt wird, dann werden die zweite Hinterpfote sowie die Vorderpfoten angebracht.
Die mittlere Maus wird von hinten am Weizenstiel fixiert, der Schwanz wird angeklebt und um den Weizenstiel geschlungen, dann werden die Pfoten aufgeklebt.
Die linke, hängende Maus wird von vorne befestigt, es folgen Vorderpfote, Hinterpfote und Schwanz.
Nun können die niedlichen kleinen Mäuse auch an Ihrem Fenster herumturnen.

Unser Kürbishaus

- Tonkarton in Blaugrau, Meergrün, Vanille, Rosé, Mango (Gelborange), Rosa, Beige und Braun
- Filzstift in Schwarz

Übertragen Sie die Einzelteile des Motivs vom Vorlagenbogen auf den farblich passenden Tonkarton, und schneiden Sie diese aus.
Bringen Sie den Kamin, die roséfarbenen Streifen und die Tür von vorne auf dem Kürbis an. Die Rauchwolke wird von hinten am Kamin befestigt.
Bekleben Sie die Mäuse von vorne mit den beigefarbenen Fellteilen, den Ohren, den Schnauzen, den Pfoten und dem Schwanz.
Die Augen, die Maulöffnungen und die Türklinke werden mit schwarzem Filzstift aufgemalt.
Der Kopf und die Pfote der linken Maus werden von vorne am Fenster befestigt und von hinten mit einem kleinen Stück Tonkarton stabilisiert. Die stehende Maus fixieren Sie mit der Hinterpfote am Eingang.
Haben die beiden Mäuse nicht ein hübsches Haus?

Herbstzeit – Erntezeit

Herbstzeit – Erntezeit

(Abbildung Seite 24/25)

- Tonkarton in Schwarz, Weiß, Orange, Aprikose und verschiedenen Rot-, Braun-, Lila- und Grüntönen
- Filzstift in Blau, Schwarz, Braun, Orange und Rot
- Buntstift in Orange

Dieser Gemüsewagen macht Appetit! Sie können ihn individuell gestalten: bei der Auswahl und Anzahl des gefertigten Gemüses können Sie ganz nach Ihren eigenen Vorstellungen vorgehen.

Übertragen Sie die Einzelteile des Motivs vom Vorlagenbogen auf den farblich gewünschten Tonkarton, bevor Sie sie ausschneiden. Bei der Herstellung des Gemüses sind Schablonen sehr hilfreich.

Kleben Sie das Gemüse, das jeweils aus mindestens zwei Teilen (Frucht und Blätter) besteht, zusammen, und bemalen Sie es mit Bunt- und Filzstiften.

Jedes Rad besteht aus zwei Teilen, die aufeinandergeklebt werden. Bringen Sie am Gemüsewagen von vorne zwei Räder an. Die Deichsel wird am zweiten Vorderrad befestigt, das von hinten fixiert wird. Dann werden die beiden Vorderräder mit einer Achse verbunden.

Bekleben Sie das große braune Teil dicht mit den verschiedenen Gemüsesorten, bevor Sie es von hinten an dem Wagen befestigen.

Wenn Sie möchten, können Sie neben dem Wagen noch eine Gemüsepyramide aufhäufen.

Ob Ihre Nachbarn bei diesem tollen Gemüsewagen nicht auch Appetit aufs Basteln bekommen werden?

Rustikaler Rübengeist

- Tonkarton in Grün, Orange, Gelb und Hellbraun
- Filzstift in Schwarz

Übertragen Sie die Einzelteile des Motivs vom Vorlagenbogen auf den farblich passenden Tonkarton, und schneiden Sie sie aus.

Kleben Sie auf den Rübengeist die hellbraune Oberseite sowie die grünen Blätter als Haare und die gelben Wurzelteile als Bart. Die Rübenöffnung zeichnen Sie mit dem schwarzen Filzstift ein. Was der Rübengeist wohl denkt?

Fröhliche Fliegenpilze

- Tonkarton in Rot, Weiß, Hellgrau und Hellgrün
- Filzstift in Schwarz

Übertragen Sie die Einzelteile der Pilze und das Grasteil auf den farblich passenden Tonkarton, und schneiden Sie diese aus.

Verzieren Sie jeden Pilzhut mit den Punkten. Dann kleben Sie ihn jeweils auf den zugehörigen Pilzstiel. Auf diesen malen Sie mit Filzstift das Gesicht, darunter bringen Sie den hellgrauen Bart an. Zum Schluß werden beide Pilze hinter das Grasteil geklebt.
Ob die beiden Pilze im Fenster wohl Glück bringen?

Buntes Weizenbündel

- Tonkarton in Gelb, Orange, Rot, Blau, Weiß, Hell- und Grasgrün
- Filzstift in Schwarz

Übertragen Sie die Einzelteile vom Vorlagenbogen auf den passenden Tonkarton, und schneiden Sie sie aus. Bekleben Sie das Weizenbündel mit den helleren Ähren. Bringen Sie die Blütenstempel auf den Blüten an, und fixieren Sie diese ebenfalls auf dem Weizenbündel. Dann wird die Schleife aufgeklebt. Zum Schluß werden mit schwarzem Filzstift die Blütenstempel auf den Mohnblüten eingezeichnet.

Laternenkinder

❧ Regenbogen-Tonkarton

Übertragen Sie die Kinder mit ihren Laternen vom Vorlagenbogen auf den Regenbogen-Tonkarton, und schneiden Sie diese aus. Achten Sie dabei darauf, die Vorlage so auf den Regenbogen-Tonkarton zu legen, daß die Laternen im gelben Bereich liegen. Machen Sie zuerst die Innenschnitte, und schneiden Sie dann die äußere Kontur nach. Zum Schluß fixieren Sie die Hand des Jungen an der Hand des Mädchens. Nun können die beiden auch an Ihrem Fenster Laterne gehen.

Rast auf dem Flug gen Süden

- Regenbogen-Tonkarton
- Tonkarton in Schwarz

Übertragen Sie die Schwalben vom Vorlagenbogen auf den blauen Teil des Regenbogen-Tonkartons, dann schneiden Sie diese aus. Legen Sie die Vorlage dabei auch einmal seitenverkehrt auf, damit eine Schwalbe in die andere Richtung blickt. Stanzen Sie mit dem Bürolocher die Augen der Schwalben aus schwarzem Tonkarton aus, und kleben Sie diese auf.

Nun können sich die Schwalben an Ihrem Fenster sammeln. Aus schwarzem Tonkarton schneiden Sie einen schmalen Streifen (nach Vorlage oder auch länger), auf dem Sie beliebig viele Schwalben - ganz nach Ihrem Geschmack - am Fenster plazieren.

Herbstlicher Kehraus

(Abbildung Umschlagrückseite)

Besen

- Tonkarton in Grau, Hell-, Mittel- und Dunkelbraun

Übertragen Sie die Einzelteile des Besens vom Vorlagenbogen auf den jeweils farblich passenden Tonkarton, und schneiden Sie diese aus.

Fixieren Sie den Stiel auf dem unteren Teil des Besens, und bekleben Sie diesen mit den mittelbraunen Tonkartonteilen sowie der grauen Schnürung.

Die Anleitung für das bunte Herbstlaub befindet sich auf Seite 12.